インプレス R&D [NextPublishing]

技術の泉 SERIES
E-Book / Print Book

実践 Android Data Binding

坂口 亮太 著

公式リファレンスには
載っていない内容を
実践形式で紹介！

目次

はじめに 3

免責事項 3

表記関係について 3

底本について 3

謝辞 4

第1章　Data Binding のメリット 5

Data Binding のセットアップ 6

第2章　実践 Data Binding 8

まずは findViewById を駆逐しよう 8

Data Binding でカウントアップしてみよう 13

　　　注意 14

さまざまな値を Bind してみよう 16

Data Binding で隠してみよう 19

イベントにも Data Binding 22

ListView にも Data Binding 25

RecyclerView にも Data Binding 32

第3章　Data Binding Master 36

BaseObservable 36

ObservableField<T> 41

BindingAdapter 43

LiveData と Data Binding 48

Retrofit と Data Binding 53

第4章　Build GitHub Search Repos App 55

第5章　小技 62

default 62

safeUnbox 63

Function type 64

Data Binding V1 と V2 65

あとがき 67

2 ｜ 目次

はじめに

　今までのAndroid開発ではView(XML)の操作とデータの加工をひとつのActiviyで行っていましたが、これでは実装が煩雑になるため、様々な手法で効率的な実装方法が模索されてきました。

　Data Bindingはその中のひとつで、Viewに関する表示及び操作をXML側で定義します。これによりActivityはデータを用意する責務に専念し、Viewはそのデータをどう表示するかを責務とすることで実装の煩雑化を解消するという手法です。

　Data BindingはAndroidの公式ツールとして提供されているため、開発のベストプラクティスとも言えます。使って損はない機能なので、ぜひ本書を手にとって実践してみてください。

　本書では、Android中級者以上を想定読者層としています。そのため、Androidそのものの解説や開発のセットアップ等は解説しません。

　本書では次の環境で執筆しています。

・Android Studio 3.2.1
・Kotlin 1.3.10
・Android 9.0 (Emulator)

　Data Bindingのより詳細なリファレンスは、Android Developer公式ページを参考にしてください。

https://developer.android.com/topic/libraries/data-binding/?hl=ja

　公式ページはJavaで書かれていますが、本書ではKotlinで解説します。

免責事項

　本書に記載された内容は、情報の提供のみを目的としています。したがって、本書を用いた開発、製作、運用は、必ずご自身の責任と判断によって行ってください。これらの情報による開発、製作、運用の結果について、著者はいかなる責任も負いません。

表記関係について

　本書に記載されている会社名、製品名などは、一般に各社の登録商標または商標、商品名です。会社名、製品名については、本文中では©、®、™マークなどは表示していません。

底本について

　本書籍は、技術系同人誌即売会「技術書典5」で頒布されたものを底本としています。

謝辞

2人のレビューによってめでたく1冊の本となりました。この場を借りて感謝申し上げます。

・131e55
・bakatsuyuki
(敬称略)

第1章　Data Bindingのメリット

　Android開発の多くは、一般的にMVCモデルで行われます。AndroidはViewをXMLで定義でき、ControllerはActivityというクラスを継承することで実装します。これをMVCパターンに当てはめると次の図のようになります。

図1.1:

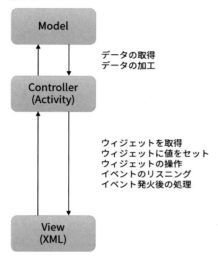

　このパターンではController(Activity)が担当しなければならない範囲が非常に広いため、コードが煩雑になり、保守性が下がる要因のひとつとなっていました。一部のライブラリーによってActivityの実装をModel側に移すことができますが、やはりアプリはViewの操作が非常に多いので、引き続きこの問題は残ったままとなってしまいます。

　そこで、Data Bindingを使った場合のやりとりでは次の図のように変わります。

図 1.2:

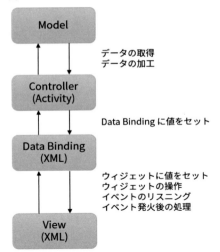

　Data Bindingを使うことで、ActivityがViewに対して行う処理は「Data Bindingに値をセットする」のひとつだけとなりました。これによって、**Viewはどのように表示され、どのような振る舞いを行うかをView自身が決める**という実装が可能になります。

　例えば、これまではActivityがテキストを表示するViewに対し、「そのViewに100をセットする」という処理を行っていました。また条件によっては「その数値に消費税を掛けたものを表示する」「1以上なら購入ボタンが押せる」といった振る舞いの変更もすべてActivityから指示していました。

　Data Bindingを使うと、Activityの処理は「Data Bindingに100を渡す」だけとなります。以降、Viewでは「このTextViewは受け取った値を表示する」「このTextViewは受け取った値に消費税を掛けたものを表示する」「このButtonは値が1以上なら押せるようにする」という定義によってView自身が振る舞いを変更します。

　これによりModelは「データの取得と加工」に専念し、Viewは「データをどう画面に表示してふるまうか」に専念し、Controllerは「ModelとViewを接続する」ことに専念するという構図へ変わります。その結果、ありがちだったControllerが肥大化する、通称Fat Controllerを避けやすくなります。

　文字だけの解説では難しそうに見えますが、本書では簡単な導入から実践的な使い方まで順序立てて解説します。読み終わった頃にはきっとData Bindingを実践したくなるでしょう。

Data Bindingのセットアップ

　Data Bindingはモジュール内のbuild.gradleに少し追記するだけです。ただしKotlinを使って、後述するBindingAdapterを使用する場合はapply plugin: 'kotlin-kapt'の追加が必要です。これは公式ドキュメントがJavaで解説しているために特に記載がありませんので注意してください。

app/build.gradle

```
....
apply plugin: 'kotlin-kapt'

android {
    ....
    dataBinding {
        enabled = true
    }
}
```

||||||||||||||||||||||||||||||||||||||||||||||||||||||||||||||||||||||||||||||||||||||||||||||||||||||||||
TIPS

Android Studio3.1.0より前のバージョンを使っている場合は、これに追加してbuild.gradleに次の記述が必要です。

```
dependencies {
    kapt 'com.android.databinding:compiler:x.y.z'
}
```

x.y.zは使用しているAndroid Studioのバージョンを指定してください。

||||||||||||||||||||||||||||||||||||||||||||||||||||||||||||||||||||||||||||||||||||||||||||||||||||||||||

build.gradleを保存してプロジェクトをビルドし、ビルドエラーがなければ成功です。Data Bindingの世界へようこそ！

第1章　Data Bindingのメリット　7

第2章 実践Data Binding

まずはfindViewByIdを駆逐しよう

Android開発において切っても切れない存在であるfindViewById。これがData Bindingを使うと必要なくなります！

とりあえず実践してみましょう。

app/src/main/res/layout/activity_main.xml

```xml
<?xml version="1.0" encoding="utf-8"?>
<layout xmlns:android="http://schemas.android.com/apk/res/android"
    xmlns:tools="http://schemas.android.com/tools">

    <LinearLayout
        android:layout_width="match_parent"
        android:layout_height="match_parent"
        android:orientation="vertical"
        tools:context=".MainActivity">

        <TextView
            android:id="@+id/sample_text_view"
            android:layout_width="wrap_content"
            android:layout_height="wrap_content"
            android:text="Hello World!" />
    </LinearLayout>
</layout>
```

Data Binding を使うにはレイアウトファイルのrootを <layout> で囲みます。

今回 TextView には id を追加してください。ここで一度プロジェクトをビルドします。

では Activity で Data Binding を実際に利用してみます。

app/src/main/java/com/example/bindingsample/MainActivity.kt

```kotlin
package com.example.bindingsample

import androidx.appcompat.app.AppCompatActivity
import androidx.databinding.DataBindingUtil
import android.os.Bundle
import com.example.bindingsample.databinding.ActivityMainBinding
```

```kotlin
class MainActivity : AppCompatActivity() {

    override fun onCreate(savedInstanceState: Bundle?) {
        super.onCreate(savedInstanceState)
        // setContentView(R.layout.activity_main)
        // val sampleTextView: TextView = findViewById(R.id.sample_text_view)
        // sampleTextView.text = "Hello Android!"

        val binding: ActivityMainBinding = DataBindingUtil.setContentView(this,
R.layout.activity_main)
        binding.sampleTextView.text = "Hello Binding!"
    }
}
```

　このサンプルを書くだけでfindViewByIdを使っていない！と興奮していませんか？私はそんな気持ちになりました。さて、実行すると、"Hello Binding!"と表示されたでしょうか。

　ではいよいよ解説に移りましょう。

　このActivityMainBindingは、プロジェクトをビルドした時にData Bindingによって自動的に作られるクラスです。クラス名はレイアウトファイルをパスカルケースにした後、+Bindingをつけたものになります。

　これまではsetContentViewを使っていましたが、Data　Bindingでは代わりにDataBIndingUtil.setContentViewで実装します。

　ActivityMainBindingはactivity_main.xmlと連動しており、レイアウトで追加したID、今回でいうsample_text_viewをその名前で自動的に追加してくれます。そのため、binding.sampleTextViewでそのTextViewにアクセスできます。XMLのIDはスネークケースで書くと、Java/Kotlin側ではキャメルケースに変換されます。

図2.1:

　ここまでを整理すると、次の実装をすることでfindViewByIdをすることなくViewを操作できます。

- レイアウトXMLを<layout>で囲む
- 各Viewにidを設定する
- DataBindingUtilのsetContentiewを使う
- 取得したBindingクラスの中のViewにアクセスする

TIPS

　Data Bindingの誕生前は、findViewByIdを使わずに済む方法としてButter Knifeというライブラリーを使用していました。これはアノテーションを使うことでfindViewByIdを自動的に行ってくれる非常に便利なライブラリーです。

https://github.com/JakeWharton/butterknife

　Data Binding誕生後もButter KnifeはDI(Dependency Injection)と相性が良いため、こちらを使い続ける開発者もいます。

さてTextViewができることを確認したら、次にやりたくなるのがButtonでしょう。そしてButtonといえばonCLickListenerが定番ですね。もちろんData Bindingで扱うことができます。

app/src/main/res/layout/activity_main.xml

```xml
<?xml version="1.0" encoding="utf-8"?>
<layout xmlns:android="http://schemas.android.com/apk/res/android"
    xmlns:tools="http://schemas.android.com/tools">

    <LinearLayout
        android:layout_width="match_parent"
        android:layout_height="match_parent"
        android:orientation="vertical"
        tools:context=".MainActivity">

        <TextView
            android:id="@+id/sample_text_view"
            android:layout_width="wrap_content"
            android:layout_height="wrap_content"
            android:text="Hello World!" />

        <Button
            android:id="@+id/sample_button"
            android:layout_width="wrap_content"
            android:layout_height="wrap_content"
            android:text="Binding!" />

    </LinearLayout>
</layout>
```

TextViewと同じくButtonにもIDを設定します。

app/src/main/java/com/example/bindingsample/MainActivity.kt

```kotlin
package com.example.bindingsample

import androidx.appcompat.app.AppCompatActivity
import androidx.databinding.DataBindingUtil
import android.os.Bundle
import com.example.bindingsample.databinding.ActivityMainBinding

class MainActivity : AppCompatActivity() {

    override fun onCreate(savedInstanceState: Bundle?) {
```

第2章　実践Data Binding　　11

```
        super.onCreate(savedInstanceState)
        val binding: ActivityMainBinding = DataBindingUtil.setContentView(this,
R.layout.activity_main)
        binding.sampleButton.setOnClickListener {
            binding.sampleTextView.text = "Hello, Binding!"
        }
    }
}
```

sampleButtonはButton型なので、そのままsetOnClickListener関数を実装できます。kotlinの場合はSAM変換が効くため、より簡潔に書くことができます。

図2.2:

TIPS

Kotlinを使う場合は、Kotlin公式が提供するKotlin Android Extensionsを使うことで、findViewByIdを使わなくてもViewを操作できます。

```
apply plugin: 'kotlin-android-extensions'
```

Kotlin Android Extensionsを使う際に、XMLは<layout>タグで囲む必要はありません。今までの使い方と同じように、各ViewにIDをセットするだけで準備完了です。

Activityから呼び出す時は特別なimport文を使います。このパッケージ名はXMLのファイル名と連動しています。

```kotlin
import android.os.Bundle
import androidx.appcompat.app.AppCompatActivity
import kotlinx.android.synthetic.main.activity_main.*

class MainActivity : AppCompatActivity() {

    override fun onCreate(savedInstanceState: Bundle?) {
        super.onCreate(savedInstanceState)
        setContentView(R.layout.activity_main)

        text_view.text = "Hello, Android Extensions!"
    }
}
```

Data Bindingと違い、IDの名前がキャメルケースに変換されずそのまま変数名として定義されます。

Data Bindingでカウントアップしてみよう

ここまではData Bindingのオマケのようなものしか触れていません。AndroidのData BindingはActivityやFragmentでViewに値をセットする処理を書くことなく、代わりにView側でどう表示するのかを定義できます。

利用するには、layoutのxmlに新たに<data>というタグを追加し、Viewが扱う値を定義します。

app/src/main/res/layout/activity_main.xml
```xml
<?xml version="1.0" encoding="utf-8"?>
<layout xmlns:android="http://schemas.android.com/apk/res/android"
    xmlns:tools="http://schemas.android.com/tools">

    <data>

        <variable
            name="counter"
```

第2章　実践Data Binding　13

```xml
            type="int" />
    </data>

    <LinearLayout
        android:layout_width="match_parent"
        android:layout_height="match_parent"
        android:orientation="vertical"
        tools:context=".MainActivity">

        <TextView
            android:id="@+id/sample_text_view"
            android:layout_width="wrap_content"
            android:layout_height="wrap_content"
            android:text="@{'Count:' + counter}" />

        <Button
            android:id="@+id/sample_button"
            android:layout_width="wrap_content"
            android:layout_height="wrap_content"
            android:text="Binding!" />

    </LinearLayout>
</layout>
```

<data> タグの中に定義できるタグは 2 種類あります。

・<variable />XML の中で使う変数を定義します。

・<import />XML の中で呼び出すクラスを定義します。

<import /> は **Data Binding で隠してみよう**で解説します。

注意

Data Binding で使用する記法は Kotlin ではなく Java の記法を使います。

例えば Kotlin で数値型を扱うには Int を使いますが、これを Data Binding では定義できません。また、プリミティブ型は Kotlin から見ると non-null ですが、オブジェクトの場合は nullable となります。従って Java のプリミティブ型である int で定義すると、Kotlin では Int として扱うことができます。

○正しい

```xml
<variable
    name="counter"
    type="int" />
```

14 　第 2 章　実践 Data Binding

Java の場合: int

Kotlin の場合: Int

×ビルドエラー

```
<variable
    name="counter"
    type="Int" />
```

△ビルドは成功するが Nullable

```
<variable
    name="counter"
    type="Integer" />
```

Java の場合: Integer

Kotlin の場合: Int?

TIPS

TextView の text に文字列 + 値を指定できます。

```
<TextView
    android:layout_width="wrap_content"
    android:layout_height="wrap_content"
    android:text="@{'Count:' + counter}" />
```

Binding 式の中で固定の文字列を指定するときはバッククォートで囲みます。

　<data>に追加した場合も事前にビルドを走らせましょう。では次に Activity で counter を操作してみましょう。

app/src/main/java/com/example/bindingsample/MainActivity.kt

```
class MainActivity : AppCompatActivity() {

    override fun onCreate(savedInstanceState: Bundle?) {
        super.onCreate(savedInstanceState)
        val binding: ActivityMainBinding = DataBindingUtil.setContentView(this,
R.layout.activity_main)
        binding.counter = 1

        binding.sampleButton.setOnClickListener {
```

第 2 章　実践 Data Binding ┃ 15

```
            binding.counter += 1
        }
    }
}
```

ついに TextView の setText がなくなりましたね。

このように <variable> として追加したものも自動的に加わります。この counter に値をセットすると即座に View へ反映されます。

図 2.3:

さまざまな値をBindしてみよう

前回は Int を使った Binding を行いましたが、もちろんそれ以外の型も Binding が可能です。

・Int
・Long
・Double
・Float
・Boolean
・String

・etc...

　基本的に使える型に制限はありません。**自作クラスもOKです。**ただしオブジェクトは全てKotlinから見るとOptionalになります。

　Stringはよく使われるもののひとつで、EditTextやTextView等で動的に変化する文字列を表示する時などに使われます。

　次のサンプルはEditTextに入力された値をToastに表示します。

app/src/main/res/layout/activity_main.xml

```xml
<?xml version="1.0" encoding="utf-8"?>
<layout xmlns:android="http://schemas.android.com/apk/res/android"
    xmlns:tools="http://schemas.android.com/tools">

    <data>

        <variable
            name="inputText"
            type="String" />
    </data>

    <LinearLayout
        android:layout_width="match_parent"
        android:layout_height="match_parent"
        android:orientation="vertical"
        tools:context=".MainActivity">

        <EditText
            android:layout_width="match_parent"
            android:layout_height="wrap_content"
            android:inputType="text"
            android:text="@={inputText}" />

        <Button
            android:id="@+id/button_confirm"
            android:layout_width="match_parent"
            android:layout_height="wrap_content"
            android:text="Confirm" />

    </LinearLayout>
</layout>
```

第2章　実践 Data Binding　｜　17

app/src/main/java/com/example/bindingsample/MainActivity.kt

```
override fun onCreate(savedInstanceState: Bundle?) {
    super.onCreate(savedInstanceState)
    val binding: ActivityMainBinding = DataBindingUtil.setContentView(this,
R.layout.activity_main)

    binding.buttonConfirm.setOnClickListener {
        Toast.makeText(this, binding.inputText, Toast.LENGTH_LONG).show()
    }
}
```

　XMLで、EditTextのtextの箇所に新しい構文を使っています。これまでBindingする箇所には@{hoge}と使っていましたが、このEditTextには@={hoge}と間にイコールが含まれています。
　これは**双方向データバインディング (2-Wayバインディング)** というものです。これまではBindingの方向がActivityで、セットした値がViewに反映される (Acitivity -> View) だけだったものが、その逆のView -> Activityも可能にします。これによってEditTextに入力された値が、inputTextへ格納されます。ToastはこのinputTextを参照することで、入力された値を表示しています。もちろん双方向なのでActivityが書き換えた場合はこれまでと同じようにEditTextにも反映されます。
　実行すると、EditTextに入力した文字列が、Toastにも表示されることが確認できます。

図2.4:

Data Binding で隠してみよう

さて、そろそろ実践的な使い方をしたくなって来たのではないでしょうか。「TextView に表示できるからなんだ？」「EditText の文字列を取得できるからどうした？」と感じていませんか？お待たせしました。ここからは本格的な実践へ踏み込んでいきます。

アプリにはほぼ必須といっていい、フラグの管理を Data Binding でやってみましょう。

例としてアラームの設定をフラグで管理し、ON にした時だけ TimePicker を表示してみます。

app/src/main/res/layout/activity_main.xml

```xml
<?xml version="1.0" encoding="utf-8"?>
<layout xmlns:android="http://schemas.android.com/apk/res/android"
    xmlns:tools="http://schemas.android.com/tools">


    <data>


        <import type="android.view.View" />


        <variable
            name="enableAlarm"
            type="boolean" />
    </data>


    <LinearLayout
        android:layout_width="match_parent"
        android:layout_height="match_parent"
        android:orientation="vertical"
        tools:context=".MainActivity">


        <Switch
            android:layout_width="match_parent"
            android:layout_height="wrap_content"
            android:checked="@={enableAlarm}"
            android:padding="16dp"
            android:text="アラーム" />


        <TimePicker
            android:id="@+id/time_picker"
            android:layout_width="wrap_content"
            android:layout_height="wrap_content"
            android:visibility="@{enableAlarm ? View.VISIBLE : View.GONE}" />
```

第2章　実践 Data Binding　19

```
        </LinearLayout>
</layout>
```

　Viewの表示・非表示がActivityでの実装なしでできてしまいました。全てData Bindingの仕組みだけで完結します。では解説してしまいましょう。

　`<data>`の中に`<import />`という構文が追加されています。これはXMLの中でクラスの定数や関数を呼び出すためのインポート文です。

　今回フラグとしてenableAlarmというBooleanの変数を用意します。これをSwitchのcheckedに双方向バインディングで渡し、切り替え後の値をenableAlarmに渡しています。

　次にTimePickerでそのフラグを参照するのですが、Viewの表示・非表示を切り替えるvisibilityはbooleanではなくViewクラスの定数を指定する必要があります。Viewの定数を使うためにはXMLがViewクラスを知っていないといけないため、`<data>`でインポートが必要になります。

　visibilityに書いてある式、条件式 ? `true`時の処理 : `false`時の処理はJavaの三項演算子ですね。Data Bindingでは変数だけでなく関数や条件式も書くことができます。

　実行するとSwitchの切り替えでTimePickerが連動するように、表示または非表示することが確認できます。

図2.5:

図 2.6:

||||||||||||||||||||||||||||||||||||||||||||||||||||||||||||||||||||||||||||||||||||||||||||||||||||||
TIPS
　自作の関数はもちろん、Kotlinのobjectクラスに実装した関数も呼び出すことができます。ただしXMLの中はJava記法で書くことに注意してください。

```
object Converter {
    fun echo(value: String): String {
        return "$value $value"
    }
}
<data>
    <import type="com.example.bindingsample.Converter" />
</data>

<TextView
    android:layout_width="match_parent"
    android:layout_height="match_parent"
    android:text="@{Converter.INSTANCE.echo('Hello')}" />
```

第 2 章　実践 Data Binding　21

図 2.7:

イベントにも Data Binding

Data Bindingで指定できるのは変数だけでなくイベントも登録できます。

app/src/main/res/layout/activity_main.xml

```xml
<?xml version="1.0" encoding="utf-8"?>
<layout xmlns:android="http://schemas.android.com/apk/res/android"
    xmlns:tools="http://schemas.android.com/tools">

    <data>

        <variable
            name="text"
            type="String" />

        <variable
            name="onClick"
            type="android.view.View.OnClickListener" />

    </data>

    <LinearLayout
        android:layout_width="match_parent"
        android:layout_height="match_parent"
        android:orientation="vertical"
        tools:context=".MainActivity">

        <TextView
            android:layout_width="wrap_content"
            android:layout_height="wrap_content"
            android:text="@{text}" />
```

```
    <Button
        android:layout_width="match_parent"
        android:layout_height="wrap_content"
        android:onClick="@{onClick}"
        android:text="PUSH" />

    </LinearLayout>
</layout>
```

このように OnClickListener をそのまま <variable> に定義できます。もちろんこれだけではイベントが実行されませんので、Activity 側でボタンが押された時のイベントを実装しましょう。

app/src/main/java/com/example/bindingsample/MainActivity.kt

```
override fun onCreate(savedInstanceState: Bundle?) {
    super.onCreate(savedInstanceState)
    val binding: ActivityMainBinding = DataBindingUtil.setContentView(this,
R.layout.activity_main)
    binding.setOnClick {
        binding.text = "Click!"
    }
}
```

Kotlin なら SAM 変換が効くので、OnClickListener といったイベントは簡単なラムダ式で記述できます。後はラムダの中で処理を書きましょう。例ではボタンを押した時に、TextView に文字が表示されます。

第2章　実践 Data Binding | 23

図 2.8:

TIPS

　ふたつ以上の条件式を Data Binding で使う際、AND 式である&&は"&"が特殊文字のためそのまま書くことができません。代わりにエスケープ文字を書きます。

```
<data>
    <variable
        name="a"
        type="boolean" />
    <variable
        name="b"
        type="boolean" />
</data>

<TextView
    android:layout_width="match_parent"
    android:layout_height="match_parent"
    android:text="@{a &amp;&amp; b ? 'true' : 'false'}" />
```

ListViewにもData Binding

　Data Bindingが使える場所はAcitivtyのsetContentViewだけではありません。Data Binding は Viewを扱うための便利な関数がいくつも用意されています。そのうちのひとつDataBindingUtil.inflate 関数を使って、ListViewのカスタムViewをより扱いやすく実装してみましょう。例としてToDoリ ストの一覧を表示する画面を作成します。

　はじめに、リストに表示するView用のデータクラスを作成します。

app/src/main/java/com/example/bindingsample/ListItem.kt

```
data class ListItem(val text: String, val due: Date)
```

　次にリストの中に表示するViewを作成します。こちらも<layout>タグを囲むことでData Binding を有効にします。

app/src/main/res/layout/list_example.xml

```xml
<?xml version="1.0" encoding="utf-8"?>
<layout xmlns:android="http://schemas.android.com/apk/res/android"
    xmlns:tools="http://schemas.android.com/tools">

    <data>

        <variable
            name="item"
            type="com.example.bindingsample.ListItem" />
    </data>

    <LinearLayout
        android:layout_width="match_parent"
        android:layout_height="wrap_content"
        android:padding="16dp">

        <TextView
            android:layout_width="0dp"
            android:layout_height="wrap_content"
            android:layout_weight="1"
            android:text="@{item.text}"
            android:textStyle="bold" />
```

第2章　実践Data Binding　25

```xml
        <TextView
            android:layout_width="wrap_content"
            android:layout_height="wrap_content"
            android:text="@{item.due.toString()}" />
    </LinearLayout>
</layout>
```

item.due は Date 型なので、そのままでは TextView に表示できません。Data Binding ではただ値を渡すだけでなく関数も実行できますので、Date の toString 関数を呼び出して文字列として表示しています。

そのリストを表示する MainActivity は、ListView を表示するだけにします。

app/src/main/res/layout/activity_main.xml

```xml
<?xml version="1.0" encoding="utf-8"?>
<layout xmlns:android="http://schemas.android.com/apk/res/android"
    xmlns:tools="http://schemas.android.com/tools">

    <ListView
        android:id="@+id/list_view"
        android:layout_width="match_parent"
        android:layout_height="match_parent"
        tools:context=".MainActivity" />

</layout>
```

app/src/main/java/com/example/bindingsample/MainActivity.kt

```kotlin
class MainActivity : AppCompatActivity() {

    override fun onCreate(savedInstanceState: Bundle?) {
        super.onCreate(savedInstanceState)
        val binding: ActivityMainBinding = DataBindingUtil.setContentView(this,
R.layout.activity_main)

        val adapter = MainListAdapter(this).apply {
            add(ListItem("ゴミ出し", Date()))
            add(ListItem("技術書を書く", Date()))
            add(ListItem("脱稿する", Date()))
        }
        binding.listView.adapter = adapter
    }
```

```
class MainListAdapter(context: Context): ArrayAdapter<ListItem>(context, 0) {
    override fun getView(position: Int, convertView: View?, parent: ViewGroup?): View {
        val binding: ListExampleBinding
        if (convertView == null) {
            binding = DataBindingUtil.inflate(LayoutInflater.from(context), R.layout.list_example, parent, false)
            binding.root.tag = binding
        } else {
            binding = convertView.tag as ListExampleBinding
        }

        binding.item = getItem(position)
        return binding.root
    }
}
```

実行するとリストが表示されます。

図2.9:

<variable>のTypeでは、自分で作成したカスタムクラスの指定も対応しています。クラスの中のプロパティーにアクセスする時は、getterやsetterは必要ありません。

　このViewをListViewの中で使うために、DataBindintUtil.setContentViewではなくDataBindintUtil.inflateを使っています。LayoutInflaterを使ったことがある人はなじみがある関数名ではないでしょうか。

　DataBindingUtil.inflateは、LayoutInflaterを使いXMLからViewを生成し、それをBindingするまでを一手に行ってくれる関数です。

　あとはbindingに値を渡し、最後にbinding.rootでViewをreturnすればOKです。binding.rootはXMLのRootviewが取得できます。

　ListViewではなるべくViewを使いまわすようにしたいので、convertViewの有無でinflateする回数を抑えています。binding.root.tag=bindingのようにData BindingのインスタンスTagごとに入れてしまえば再利用がしやすくなります。

　おまけとして、Data Bindingを使わないListViewのサンプルを紹介します。XMLは同じものを使います。

app/src/main/java/com/example/bindingsample/MainActivity.kt

```
class MainActivity : AppCompatActivity() {

    override fun onCreate(savedInstanceState: Bundle?) {
        super.onCreate(savedInstanceState)
        setContentView(R.layout.activity_main)

        val adapter = MainListAdapter(this).apply {
            add(ListItem("ゴミ出し", Date()))
            add(ListItem("技術書を書く", Date()))
            add(ListItem("脱稿する", Date()))
        }
        val listView = findViewById<ListView>(R.id.list_view)
        listView.adapter = adapter
    }


    class MainListAdapter(context: Context): ArrayAdapter<ListItem>(context, 0) {
        override fun getView(position: Int, convertView: View?, parent:
ViewGroup?): View {
            val container: ContainerView
            if (convertView == null) {
                val itemView = LayoutInflater.from(context)
                        .inflate(R.layout.list_example, parent, false)
                val title = itemView.findViewById<TextView>(R.id.title_text_view)
                val due = itemView.findViewById<TextView>(R.id.due_text_view)
```

28　第2章　実践Data Binding

```
            container = ContainerView(itemView, title, due)
            itemView.tag = container
        } else {
            container = convertView.tag as ContainerView
        }

        val item = getItem(position)
        container.titleTextView.text = item.text
        container.dueTextView.text = item.due.toString()

        return container.view
    }
}

data class ListItem(val text: String, val due: Date)
data class ContainerView(val view: View, val titleTextView: TextView, val
dueTextView: TextView)
```

　Data Bindingを使わない場合のMainListAdapterは20行（に加え再利用のためのクラス定義で＋1行）でしたが、Data Bindingを使うことで13行に減らすことができます。

‖‖‖
TIPS

　FragmentでもData Bindingを使うことができます。**ListViewにもData Binding**で使ったinflateをFragment側で呼び出します。

　まずはFargment用のXMLを用意します。

fragment_main.xml
```
<?xml version="1.0" encoding="utf-8"?>
<layout xmlns:android="http://schemas.android.com/apk/res/android"
    xmlns:tools="http://schemas.android.com/tools">

    <data>

        <variable
            name="kinoko"
            type="int" />

        <variable
```

第2章　実践Data Binding　29

```xml
            name="takenoko"
            type="int" />

    </data>

    <GridLayout
        android:layout_width="match_parent"
        android:layout_height="match_parent"
        android:columnCount="2"
        tools:context=".MainFragment">

        <TextView
            android:layout_columnWeight="1"
            android:layout_rowWeight="1"
            android:gravity="center"
            android:text="@{Integer.toString(kinoko)}"
            android:textSize="42sp" />

        <TextView
            android:layout_columnWeight="1"
            android:layout_rowWeight="1"
            android:gravity="center"
            android:text="@{Integer.toString(takenoko)}"
            android:textSize="42sp" />

        <Button
            android:id="@+id/button_kinoko"
            android:layout_columnWeight="1"
            android:text="きのこ" />

        <Button
            android:id="@+id/button_takenoko"
            android:layout_columnWeight="1"
            android:text="たけのこ" />

    </GridLayout>
</layout>
```

　通常FragmentでViewを読み込む時は、onCreateView上で行います。これはFragment特有のライフサイクルで、ここではViewを生成するだけに留めておくのがベストプラクティスです。

30 | 第2章 実践 Data Binding

しかし、せっかく生成したbindingのインスタンスが別のライフサイクルで使えなくなってしまうので、FragmentMainBindingをメンバー変数にしてしまいましょう。ここでKotlinのlateinitを使えば、bindingのオプショナルを外すことができます。(lateinitは用法用量を守って正しく使いましょう。)

MainActivityFragment.kt

```kotlin
class MainFragment : Fragment() {
    private lateinit var binding: FragmentMainBinding

    override fun onCreateView(inflater: LayoutInflater, container: ViewGroup?,
savedInstanceState: Bundle?): View? {
        binding = DataBindingUtil.inflate(inflater, R.layout.fragment_main,
container, false)
        return binding.root
    }

    override fun onActivityCreated(savedInstanceState: Bundle?) {
        super.onActivityCreated(savedInstanceState)

        binding.buttonKinoko.setOnClickListener {
            binding.kinoko += 1
        }

        binding.buttonTakenoko.setOnClickListener {
            binding.takenoko += 1
        }
    }
}
```

Fragmentをメインとして扱いたいので、ActivityではFragmentを呼び出すだけにします。

activity_main.xml

```xml
<?xml version="1.0" encoding="utf-8"?>
<layout xmlns:android="http://schemas.android.com/apk/res/android"
    xmlns:tools="http://schemas.android.com/tools">

    <FrameLayout
        android:layout_width="match_parent"
        android:layout_height="match_parent"
        tools:context=".MainActivity">
```

```
        <fragment
            android:id="@+id/fragment_main"
            android:name="com.example.bindingsample.MainFragment"
            android:layout_width="match_parent"
            android:layout_height="match_parent" />

    </FrameLayout>

</layout>
```

実行するとFragmentでもData Bindingを使えることが確認できます。

図2.10:

RecyclerViewにもData Binding

　この勢いで次はRecyclerViewにいってみましょう！リストに表示するViewは前回のlist_emample.xmlをそのまま使います。

まず、ListView の代わりに RecyclerView を使うように変更します。

app/src/main/res/layout/activity_main.xml

```xml
<?xml version="1.0" encoding="utf-8"?>
<layout xmlns:android="http://schemas.android.com/apk/res/android"
    xmlns:tools="http://schemas.android.com/tools">

    <androidx.recyclerview.widget.RecyclerView
        android:id="@+id/recycler_view"
        android:layout_width="match_parent"
        android:layout_height="match_parent"
        tools:context=".MainActivity" />

</layout>
```

app/src/main/java/com/example/bindingsample/MainActivity.kt

```kotlin
class MainActivity : AppCompatActivity() {

    override fun onCreate(savedInstanceState: Bundle?) {
        super.onCreate(savedInstanceState)
        val binding: ActivityMainBinding = DataBindingUtil.setContentView(this,
R.layout.activity_main)

        val adapter = ExampleAdapter(this)
        adapter.items = listOf(
                ListItem("ゴミ出し", Date()),
                ListItem("技術書を書く", Date()),
                ListItem("脱稿する", Date())
        )
        binding.recyclerView.layoutManager = LinearLayoutManager(this)
        binding.recyclerView.adapter = adapter
    }

    class ExampleAdapter(context: Context) : RecyclerView.Adapter<Holder>() {
        var items: List<ListItem> = emptyList()
        private val inflater = LayoutInflater.from(context)

        override fun getItemCount(): Int = items.size

        override fun onCreateViewHolder(parent: ViewGroup, viewType: Int): Holder
{
            val binding: ListExampleBinding = DataBindingUtil.inflate(inflater,
```

第2章　実践 Data Binding　33

```
R.layout.list_example, parent, false)
            return Holder(binding)
        }

        override fun onBindViewHolder(holder: Holder, position: Int) {
            holder.binding.item = items[position]
            holder.binding.executePendingBindings()
        }
    }

    class Holder(val binding: ListExampleBinding)
            : RecyclerView.ViewHolder(binding.root)
}
```

実行すると見た目はListViewで実装したものとほぼ同じですが、タップしてもRipple表現がないので、きちんとRecyclerViewで動いていることが確認できます。

図2.11:

ここでの重要な点は、onBindViewHolder内でexecutePendingBindings()という関数を実行している所です。これは、リスト内のViewをData Binding経由で操作したことによって、高さが一瞬変

わるのを防ぐためです。

　下から上へスクロールする際は不可視領域の高さが一瞬変わるだけなので見た目にはあまり影響がありませんが、逆に上から下へスクロールするときに画面がちらついて見えてしまいます。

　通常 Data Binding 処理は非同期で実行されます。非同期処理が終わる前に、その箇所が画面に映ってしまうと処理完了後に高さが変わってしまう場合があり、それがちらついて見えてしまうのです。

　なので executePendingBindings() 関数を呼び出すことによってその非同期処理を即座に実行させます。これによりちらつきなくスクロールが可能となります。

TIPS

　DataBindingUtil にはここで紹介した setContentView や inflate 以外にもまだあります。その中のひとつ bind は Data Binding で取得した Binding インスタンスを別の関数では View を引数で渡さなければならない場合、せっかくのインスタンスが使えなくなってしまいます。bind は View を引数に、再び Binding インスタンスを取得できる関数です。

```
val inflater = LayoutInflater.from(context)
val binding: ViewExampleBinding = DataBindingUtil.inflate(inflater,
R.layout.list_repository, parent, false)
val v: View = binding.root
// 再び Binding オブジェクトを取得できる
val reBind: ViewExampleBinding = DataBindinUtil.bind(v)
```

　例えば View を生成する関数と取得して操作する関数が別で分かれており、それらがスレッドセーフで処理される必要があるときに使います。

第3章　Data Binding Master

BaseObservable

ここからはData Bindingの上級テクニックを紹介します。

これまではXMLの<data>に変数を定義してきましたが、少し凝った画面を作る場合<variable>をそれだけ増やさなければならないのは少し大変です。

例えばバリデートが必要なフォームを考えてみましょう。

Data Bindingによって入力された値をバリデートするときのタイミングをいつにするのか、またバリデートの内容が少々複雑になる場合、これをXMLに書くのではなくKotlin側で書きたいとなるでしょう。検証ロジックはKotlin側で書くことにより単体テストも可能になります。

今回は例としてメール送信フォームを作成してみます。検証は、宛先が入力されていないかの簡単なチェックを行います。入力されていない場合はエラーを表示し、問題なければ送信……といきたいところですが、サンプルなので本文をToastで表示します。ただし画面を開いた直後は、そもそもユーザーは入力作業をしていません。なのにエラーですと言われるのは少しイラっとしますよね。なので検証のトリガーは送信しようとした時に行います。

ここまでの要件を踏まえ、必要なデータとイベントの関数をひとつのクラスに定義します。ここでData Bindingに対応するためBaseObservableを継承します。

app/src/main/java/com/example/bindingsample/MainForm.kt

```kotlin
class MainForm : BaseObservable() {
    var to: String = ""
        set(value) {
            field = value
            notifyChange()
        }

    var subject: String = ""
        set(value) {
            field = value
            notifyChange()
        }

    var message: String = ""
        set(value) {
            field = value
            notifyChange()
```

```
    }

    var valid: Boolean = true
        set(value) {
            field = value
            notifyChange()
        }

    fun validate(context: Context) {
        valid = to.isNotBlank()
        if (valid) {
            send(context)
        }
    }

    private fun send(context: Context) {
        Toast.makeText(context, message, Toast.LENGTH_SHORT).show()
    }
}
```

notifyChange()はBinding先へ値が変更されたことを通知するために呼び出します。Kotlinのsetterで呼び出すと値を入れたタイミングに自動で呼ばれるため、ロジックの中身がシンプルになります。

今回自作のvalidate関数にContextを引数としていますが、これはToastを呼ぶためだけに使っています。テストのしやすさを考慮して、Contextへの依存を減らすためにActivityへコールバックするなどアレンジしても良いでしょう。

app/src/main/res/layout/activity_main.xml

```
<?xml version="1.0" encoding="utf-8"?>
<layout xmlns:android="http://schemas.android.com/apk/res/android"
    xmlns:tools="http://schemas.android.com/tools">

    <data>

        <import type="android.view.View" />

        <variable
            name="form"
            type="com.example.bindingsample.MainForm" />
    </data>

    <LinearLayout
```

第3章　Data Binding Master　37

```
    android:layout_width="match_parent"
    android:layout_height="match_parent"
    android:orientation="vertical"
    tools:context=".MainActivity">

    <TextView
        android:layout_width="match_parent"
        android:layout_height="wrap_content"
        android:layout_marginEnd="16dp"
        android:layout_marginStart="16dp"
        android:layout_marginTop="16dp"
        android:text="宛先を必ず指定してください。"
        android:textColor="@android:color/holo_red_light"
        android:visibility="@{form.valid ? View.INVISIBLE : View.VISIBLE}" />

    <EditText
        android:layout_width="match_parent"
        android:layout_height="wrap_content"
        android:layout_marginEnd="16dp"
        android:layout_marginStart="16dp"
        android:hint="To"
        android:inputType="textEmailAddress"
        android:text="@={form.to}" />

    <EditText
        android:layout_width="match_parent"
        android:layout_height="wrap_content"
        android:layout_marginEnd="16dp"
        android:layout_marginStart="16dp"
        android:hint="件名"
        android:inputType="textEmailSubject"
        android:text="@={form.subject}" />

    <EditText
        android:layout_width="match_parent"
        android:layout_height="0dp"
        android:layout_marginEnd="16dp"
        android:layout_marginStart="16dp"
        android:layout_weight="1"
        android:gravity="top"
        android:hint="本文"
```

```
            android:inputType="textMultiLine"
            android:text="@={form.message}" />


        <Button
            style="@style/Widget.AppCompat.Button.Colored"
            android:layout_width="match_parent"
            android:layout_height="wrap_content"
            android:onClickListener="@{(v) -> form.validate(context)}"
            android:text="Send" />
    </LinearLayout>
</layout>
```

　XMLはこれまでの基本を寄せ集めた形ですが、いくつか新しいものが見えますね。一番下の
Buttonに注目しましょう。

　onClickListenerに処理のようなものが書かれています。これはラムダ式といいますが、要するに
ここで関数を直接呼び出して実行しています。この場合onClickListenerなのでボタンを押したタイ
ミングとなります。

　イベントにもData Bindingで紹介した方法と違う点としては、こちらはonClickListenerから呼
び出したい関数をXMLに書くことができます。具体的にはView以外の引数を渡したい時に使用す
ると良いでしょう。

　もうひとつ、MainFormのvalidate関数にContextが必要ですが、XMLからはcontextでContext
を渡すことができます。どうしてもViewに結果を返したいときはContextを必要とするパターンが
多いので、このテクニックは覚えておきましょう。

app/src/main/java/com/example/bindingsample/MainActivity.kt

```
class MainActivity : AppCompatActivity() {

    override fun onCreate(savedInstanceState: Bundle?) {
        super.onCreate(savedInstanceState)
        val binding: ActivityMainBinding = DataBindingUtil.setContentView(this,
R.layout.activity_main)
        binding.form = MainForm()
    }
}
```

　ActivityはもはやFormを渡すだけの存在です。

第3章　Data Binding Master　39

図 3.1:

宛先を空欄にしてSENDを押すとエラーが表示されます。

図 3.2:

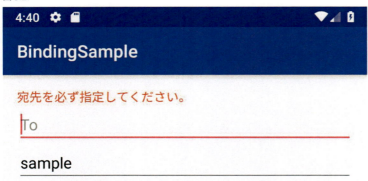

||||||||||||||||||||||||||||||||||||||||||||||||||||||||||||||||||||||||||||||||||||||||||||||||||||
TIPS
　Data Bindingを設定すると、Android Studioのプレビューにうまく表示されないことが起きます。例えばTextViewのtextにData Bindingを指定すると、プレビューではその時点でどういったテキストが表示されるかわからないので、空白になります。その時はプレビュー時に仮のテ

キストを表示できます。

app/src/main/res/layout/activity_main.xml

```xml
<?xml version="1.0" encoding="utf-8"?>
<layout xmlns:android="http://schemas.android.com/apk/res/android"
    xmlns:tools="http://schemas.android.com/tools">

    <data>

        <variable
            name="text"
            type="String" />
    </data>

    <TextView
        android:layout_width="match_parent"
        android:layout_height="wrap_content"
        android:text="@{text}"
        tools:text="Hello!" />
</layout>
```

　プレビューではHello!と表示されます。tools:に続けて要素を書くと、プレビュー上ではそのように表示できます。他にも、高さをwrap_contentと指定しtools:layout_height="200dp"を加えることにより、プレビューでは200dpとして表示されます。

‖‖

ObservableField<T>

　BaseObservableを使って自作クラスをData Bindingに対応させましたが、値を変えるたびにnotifyChange()を呼ぶのも少し面倒です。実はデフォルトでBaseObservableを継承させたものがいくつか用意されています。

・ObservableBoolean

・ObservableByte

・ObservableChar

・ObservableDouble

・ObservableFloat

・ObservableInt

・ObservableLong

・ObservableShort

第3章　Data Binding Master | 41

これ以外にも特別なObservableが3つあります。

・ObservableArrayList

・ObservableArrayMap

このふたつはコレクションの追加・移動・削除を検知できます。

・ObservableField<T>

このリストにないもので、Data Bindingへ対応させる時に使用します。よく使うタイプは
ObservableField<String>があります。

では先ほどのメールフォームをこれに置き換えてみましょう。

app/src/main/java/com/example/bindingsample/MainForm.kt

```
class MainForm : BaseObservable() {
    val to = ObservableField<String>("")
    val subject = ObservableField<String>("")
    val message = ObservableField<String>("")
    val valid = ObservableBoolean(true)

    fun validate(context: Context) {
        val result = !to.get().isNullOrBlank()
        valid.set(result)
        if (result) {
            send(context)
        }
    }

    private fun send(context: Context) {
        Toast.makeText(context, message.get(), Toast.LENGTH_SHORT).show()
    }
}
```

だいぶスッキリしましたね。それぞれのコンストラクタには初期値を渡すことができます。また
専用のget()とset()が用意されていますのでKotlinから値を操作する場合はこちらを使います。XML
側ではgetterとsetterを自動で使ってくれるためXMLはこのままで問題ありません。

||||||||||||||||||||||||||||||||||||||||||||||||||||||||||||||||||||||||||||||||||||||||||||||||||||||||||||||||
TIPS

ObservableField<String>はよく使うので、Kotlinの場合typealiasに登録するのもよいでしょう。

42 | 第3章　Data Binding Master

```kotlin
typealias ObservableString = ObservableField<String>

class MainForm : BaseObservable() {
    val to = ObservableString("")
}
```

||||||||||||||||||||||||||||||||||||||||||||||||||||||||||||||||||||||||||||||||||||||||||||||||||||||||

BindingAdapter

BindingAdapterは、これまでとは少し違うアプローチをします。ここまではAndroid標準APIの仕組みにうまく乗っかりながら効率よく値を双方向バインディングするやり方でしたが、BindingAdapterはこれを自分で拡張し、XMLから好きな値を好きなViewに好きなロジックで実装できます。

では、先ほどのメールフォームをさらに拡張してみましょう。宛先が空欄の場合はエラーメッセージを表示するようにしていましたが、EditTextには初めからエラーを表示する仕組みが備わっています。EditTextでエラーを表示したほうが具体的にどの入力項目が間違っているか、ユーザーもわかりやすくなります。

しかしAndroid標準APIではEditTextのエラー表示の指定が用意されていないので、Activity側で実装する必要がありました。これをBindingAdapterを使ってXML側で定義できるようにしてみます。

app/src/main/java/com/example/bindingsample/BindingExtension.kt

```kotlin
@BindingAdapter("errorText")
fun EditText.setErrorText(text: String?) {
    error = text
}
```

BindingApdaterアノテーションを使い、引数にXMLから呼び出す名前を指定します。

BindingAdapterに指定する関数は**Javaから見てstatic**である必要があります。Kotlinの場合は、そのViewの拡張関数として実装すると良い感じとなります。

次に、これを使うためのObservableオブジェクトを用意します。

app/src/main/java/com/example/bindingsample/MainForm.kt

```kotlin
class MainForm : BaseObservable() {
    val to = ObservableField<String>("")
    val subject = ObservableField<String>("")
    val message = ObservableField<String>("")
    val errorMessage = ObservableField<String>()
```

第3章　Data Binding Master　43

```kotlin
fun validate(context: Context) {
    val result = !to.get().isNullOrBlank()

    val error = if (result) null else "宛先を必ず指定してください。"
    errorMessage.set(error)

    if (result) {
        send(context)
    }
}

private fun send(context: Context) {
    Toast.makeText(context, message.get(), Toast.LENGTH_SHORT).show()
}
}
```

　前回と違う点は、 validの代わりにerrorMessageを用意したことです。エラーがある場合はメッセージを表示し、問題ない場合はnullとします。ここはEditTextにsetErrorをするときの仕様に合わせています。

　最後にこれをXMLで使用しましょう。

app/src/main/res/layout/activity_main.xml

```xml
<?xml version="1.0" encoding="utf-8"?>
<layout xmlns:android="http://schemas.android.com/apk/res/android"
    xmlns:tools="http://schemas.android.com/tools"
    xmlns:app="http://schemas.android.com/apk/res-auto">

    <data>

        <variable
            name="form"
            type="com.example.bindingsample.MainForm" />
    </data>

    <LinearLayout
        android:layout_width="match_parent"
        android:layout_height="match_parent"
        android:orientation="vertical"
        tools:context=".MainActivity">

        <EditText
```

```xml
        android:layout_width="match_parent"
        android:layout_height="wrap_content"
        android:layout_marginEnd="16dp"
        android:layout_marginStart="16dp"
        android:hint="To"
        android:inputType="textEmailAddress"
        android:text="@={form.to}"
        app:errorText="@{form.errorMessage}" />

    <EditText
        android:layout_width="match_parent"
        android:layout_height="wrap_content"
        android:layout_marginEnd="16dp"
        android:layout_marginStart="16dp"
        android:hint="件名"
        android:inputType="textEmailSubject"
        android:text="@={form.subject}" />

    <EditText
        android:layout_width="match_parent"
        android:layout_height="0dp"
        android:layout_marginEnd="16dp"
        android:layout_marginStart="16dp"
        android:layout_weight="1"
        android:gravity="top"
        android:hint="本文"
        android:inputType="textMultiLine"
        android:text="@={form.message}" />

    <Button
        android:id="@+id/button_send"
        style="@style/Widget.AppCompat.Button.Colored"
        android:layout_width="match_parent"
        android:layout_height="wrap_content"
        android:onClickListener="@{(v) -> form.validate(context)}"
        android:text="Send" />
</LinearLayout>
</layout>
```

EditTextにエラーを表示するようにしたので、TextViewがなくなりました。代わりにEditText
でapp:errorText="@{form.errorMessage}"を追加しています。

第3章 Data Binding Master 45

app:という接頭辞は、Android標準APIでない独自で用意した属性を利用する際に指定します。その後、BindingAdapterで指定した名前を指定します。また、渡す値はしっかりと型を合わせましょう。

これでEditTextにエラーが表示されるようになりました。

図3.3:

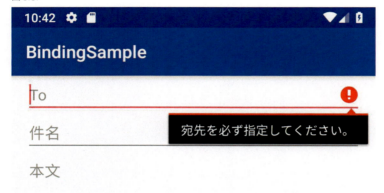

TIPS

エラーの有無をエラー文字列で判定するのは少し気持ち悪く感じます。BindingAdapterは複数の引数を指定できます。

```
@BindingAdapter("showError", "errorText")
fun EditText.setErrorText(showError: Boolean, errorText: String) {
    error = if (showError) errorText else null
}
```

これで属性がshowErrorとerrorTextのふたつできますので、XML側でもふたつ指定します。

```
<?xml version="1.0" encoding="utf-8"?>
<layout xmlns:android="http://schemas.android.com/apk/res/android"
    xmlns:app="http://schemas.android.com/apk/res-auto"
    xmlns:tools="http://schemas.android.com/tools">

    <data>

        <import type="android.view.View" />

        <variable
```

```xml
            name="form"
            type="com.example.bindingsample.MainForm" />
</data>

<LinearLayout
    android:layout_width="match_parent"
    android:layout_height="match_parent"
    android:orientation="vertical"
    tools:context=".MainActivity">

    <EditText
        android:layout_width="match_parent"
        android:layout_height="wrap_content"
        android:layout_marginEnd="16dp"
        android:layout_marginStart="16dp"
        android:hint="To"
        android:inputType="textEmailAddress"
        android:text="@={form.to}"
        app:errorText="@{@string/error_message}"
        app:showError="@{!form.valid}" />

    <EditText
        android:layout_width="match_parent"
        android:layout_height="wrap_content"
        android:layout_marginEnd="16dp"
        android:layout_marginStart="16dp"
        android:hint="件名"
        android:inputType="textEmailSubject"
        android:text="@={form.subject}" />

    <EditText
        android:layout_width="match_parent"
        android:layout_height="0dp"
        android:layout_marginEnd="16dp"
        android:layout_marginStart="16dp"
        android:layout_weight="1"
        android:gravity="top"
        android:hint="本文"
        android:inputType="textMultiLine"
        android:text="@={form.message}" />
```

第3章　Data Binding Master　47

```
    <Button
        android:id="@+id/button_send"
        style="@style/Widget.AppCompat.Button.Colored"
        android:layout_width="match_parent"
        android:layout_height="wrap_content"
        android:onClickListener="@{(v) -> form.validate(context)}"
        android:text="Send" />
    </LinearLayout>
</layout>
```

LiveDataとData Binding

　さて、だいぶ形になってきたので、そろそろメールをどこかに送信したい気持ちになってきたでしょうか。

　しかし実際にメールを送るようにするのは準備が大変なので、ここでは3秒間通信していることにして、通信が終わったら完了メッセージを表示するようにしてみましょう。フォームは送信が完了すれば用済みになることが多いので、通信後に自動で閉じるようにします。

　これをView(XML)で定義するのはさすがに責務を超えています。なのでActivity側で終了するのですが、通信は非同期のためいつ終わるかわかりません。(3秒後ですけどね！)Android開発の難しいところのひとつで、通信が終わった頃にはActivityがないこともありますし、画面回転で再生成されている可能性もあります。これを開発者がハンドリングするのは非常に苦労します。

　LiveDataはまさにここに手が届くシステムとなっています。

　LiveDataはObservableとほぼ同じですが、違いはAndroidのライフサイクルを考慮してくれる点にあります。LiveDataの場合、監視されているActivityやFragmentがアクティブな場合に限りUIスレッド上でメッセージを送ります。これによりコールバックがNullPointerで落ちたり、UIスレッド外でUIをしてしまい落ちるといったことがなくなります。すごい！

app/src/main/java/com/example/bindingsample/MainForm.kt
```
class MainForm : BaseObservable() {
    val to = ObservableField<String>("")
    val subject = ObservableField<String>("")
    val message = ObservableField<String>("")
    val valid = ObservableBoolean(true)
    val requesting = ObservableBoolean()

    val onComplete = MutableLiveData<Boolean>()
```

```kotlin
    fun validate() {
        val result = !to.get().isNullOrBlank()
        valid.set(result)
        if (result) {
            requesting.set(true)
            send()
        }
    }

    private fun send() {
        Handler().postDelayed({
            onComplete.postValue(true)
        }, 3000)
    }
}
```

requestingとonCompleteを新たに追加しました。onCompleteはLiveDataを使用しています。MutableLiveDataは指定した型をLiveDataに対応できる便利なクラスです。

送信する関数は3秒待ち、その後onCompleteに値をセットします。この時setValueとpostValueの2種類ありますが、setValueはUIスレッド上で呼び出す必要があるのに対しpostValueはUIスレッドでなくてもOKなのが特徴です。

XML側では送信中にProgressBarを表示するようにと、Buttonを押せなくするようにしました。

app/src/main/res/layout/activity_main.xml

```xml
<?xml version="1.0" encoding="utf-8"?>
<layout xmlns:android="http://schemas.android.com/apk/res/android"
    xmlns:app="http://schemas.android.com/apk/res-auto"
    xmlns:tools="http://schemas.android.com/tools">

    <data>

        <import type="android.view.View" />

        <variable
            name="form"
            type="com.example.bindingsample.MainForm" />
    </data>

    <LinearLayout
        android:layout_width="match_parent"
        android:layout_height="match_parent"
```

第3章　Data Binding Master　49

```xml
    android:orientation="vertical"
    tools:context=".MainActivity">

    <EditText
        android:layout_width="match_parent"
        android:layout_height="wrap_content"
        android:layout_marginEnd="16dp"
        android:layout_marginStart="16dp"
        android:hint="To"
        android:inputType="textEmailAddress"
        android:text="@={form.to}"
        app:errorText="@{@string/error_message}"
        app:showError="@{!form.valid}" />

    <EditText
        android:layout_width="match_parent"
        android:layout_height="wrap_content"
        android:layout_marginEnd="16dp"
        android:layout_marginStart="16dp"
        android:hint="件名"
        android:inputType="textEmailSubject"
        android:text="@={form.subject}" />

    <EditText
        android:layout_width="match_parent"
        android:layout_height="0dp"
        android:layout_marginEnd="16dp"
        android:layout_marginStart="16dp"
        android:layout_weight="1"
        android:gravity="top"
        android:hint="本文"
        android:inputType="textMultiLine"
        android:text="@={form.message}" />

    <ProgressBar
        style="@style/Widget.AppCompat.ProgressBar.Horizontal"
        android:layout_width="match_parent"
        android:layout_height="wrap_content"
        android:indeterminate="true"
        android:visibility="@{form.requesting ? View.VISIBLE :
View.INVISIBLE}" />
```

```
    <Button
        android:id="@+id/button_send"
        style="@style/Widget.AppCompat.Button.Colored"
        android:layout_width="match_parent"
        android:layout_height="wrap_content"
        android:enabled="@{!form.requesting}"
        android:onClickListener="@{(v) -> form.validate()}"
        android:text="Send" />
    </LinearLayout>
</layout>
```

最後に Activity で LiveData を監視します。

app/src/main/java/com/example/bindingsample/MainActivity.kt

```
class MainActivity : AppCompatActivity() {

    override fun onCreate(savedInstanceState: Bundle?) {
        super.onCreate(savedInstanceState)
        val binding: ActivityMainBinding = DataBindingUtil.setContentView(this,
R.layout.activity_main)

        val form = MainForm()
        form.onComplete.observe(this, Observer {
            Toast.makeText(this, "送信しました。", Toast.LENGTH_SHORT).show()
            finish()
        })

        binding.form = form
    }
}
```

　LiveData の observe 関数でonCompleteに値がセットされたときのイベントを拾えます。この
observe関数内のコールバックは必ずUIスレッドで呼ばれます。なのでこの中では安心してView
を操作できます。今回はアプリを閉じたいのでここでfinish()を呼び出します。
　observeの第1引数はLifeCycleOwnerというものですが、AppCompatActivityやSupportLivrary
のFragmentであれば初めから実装されているので自身を渡せばOKです。
　onCompleteのタイミングでToastを呼ぶことにしたため、FormではなくActivity側に実装して
います。これでFormからContextの依存がなくなりました。
　実行するとボタンを押した後にいかにも送信しているかのようなアニメーションが表示されます。

第3章　Data Binding Master　　51

図 3.4:

TIPS

　LiveDataをそのままXMLに渡すこともできます。やり方は簡単で、bindingオブジェクトにsetLifecycleOwner関数があるのでこれをセットするだけです。

```
binding.setLifecycleOwner(this)
```

　試しにこれまでのメールフォームで使っていた値をLiveDataに置き換えてみます。

```
val valid = MutableLiveData<Boolean>().apply { postValue(true) }
```

　MutableLiveData はコンストラクタで初期値を渡すことができません。そこでKotlinのapplyを使うことで初期値を渡しながら宣言できます。
　※即座に値が反映されるわけではないので注意してください。

Retrofit と Data Binding

ではいよいよメールを送信しましょう！

……と本当にメールを送るわけにもいかないのですが、せめて HTTP 通信まではやりたいものです。とりあえずなんでも良いので POST のリクエストを受け付けてくれる API を用意してください。

近年の HTTP 通信ライブラリーとして根強い人気を誇るのが Retrofit というライブラリーです。Square 社が OSS として無料で公開しており利用者も多く多機能、そして安定性抜群です。

Retrofit -https://square.github.io/retrofit/

今回はこの Retrofit + LiveData + Data Binding を使って HTTP 通信から非同期処理、値のバインディングをやってみましょう。

まず、Retrofit のライブラリーをインクルードします。今回レスポンスを Kotlin の型に変換してくれるライブラリー (POJO) は Moshi を利用します。どちらも Square 社製です。

app/build.gradle

```
implementation 'com.squareup.retrofit2:retrofit:2.4.0'
implementation 'com.squareup.retrofit2:converter-moshi:2.4.0'
```

次にアプリがインターネットにアクセスできるようパーミッションを追加します。

app/AndroidManifest.xml

```
<uses-permission android:name="android.permission.INTERNET" />
```

次に Retrofit の準備をしましょう。

app/src/main/java/com/example/bindingsample/Api.kt

```kotlin
interface ApiEndpoint {
    @POST("postSample")
    fun postSample(): Call<String>
}

object Api {
    val client: ApiEndpoint = Retrofit.Builder()
            .baseUrl("https://api.example.com")
            .addConverterFactory(MoshiConverterFactory.create())
            .client(OkHttpClient())
            .build()
            .create(ApiEndpoint::class.java)
}
```

※繰り返しになりますが、アクセス先の URL は各自で用意してください。

ここまでは通常の Retrofit と同じ使い方です。

第3章　Data Binding Master　53

最後に、ボタンクリック後にRetrofitを使って通信しましょう。

app/src/main/java/com/example/bindingsample/MainForm.kt

```kotlin
class MainForm : BaseObservable() {
    val to = ObservableField<String>("")
    val subject = ObservableField<String>("")
    val message = ObservableField<String>("")
    val valid = ObservableBoolean(true)
    val requesting = ObservableBoolean()

    val onComplete = MutableLiveData<Boolean>()

    fun validate() {
        val result = !to.get().isNullOrBlank()
        valid.set(result)
        if (result) {
            requesting.set(true)
            send()
        }
    }

    private fun send() {
        Api.client.postSample().enqueue(object : Callback<String> {
            override fun onFailure(call: Call<String>, t: Throwable) {}
            override fun onResponse(call: Call<String>, response:
Response<String>) {
                onComplete.postValue(true)
            }
        })
    }
}
```

　またしてもActivityにはノータッチで実装完了です。結局入力フォームの値は使っていませんが、ここまで読んで頂いている読者であればsend()内で値を取得してRequest Bodyに詰められるというのは、すぐに想像できるのではないでしょうか。またResponse Bodyの値をLiveDataで渡すことで結果を画面に表示するといったこともできそうです。

　Data Bindingいかがだったでしょうか。次章はData Bindingを使ったアプリをまるっとひとつ開発してみましょう。

54　第3章　Data Binding Master

第4章 Build GitHub Search Repos App

　認証なしで誰でも利用できるGitHubのAPIを使って、リポジトリー名と検索できるアプリを作ってみましょう。

　画面上に検索ワードを入力して検索ボタンを押すと、関連するGitHubリポジトリーの一覧を表示します。

図 4.1:

　build.gradleには既存のimplementationに加え、次のリストを追加します。

app/build.gradle
```
implementation 'androidx.appcompat:appcompat:1.0.2'
implementation 'androidx.recyclerview:recyclerview:1.0.0'
implementation 'com.squareup.retrofit2:retrofit:2.4.0'
implementation 'com.squareup.retrofit2:converter-moshi:2.4.0'
```

app/src/main/java/com/example/bindingsample/GitHubApi.kt

```kotlin
object GitHubApi {
    val client: GitHubService = Retrofit.Builder()
            .baseUrl("https://api.github.com/")
            .addConverterFactory(MoshiConverterFactory.create())
            .build()
            .create(GitHubService::class.java)
}

interface GitHubService {
    @GET("search/repositories")
    fun searchRepositories(@Query("q") query: String): Call<RepositoriesResponse>
}

data class RepositoriesResponse(
        val items: List<RepositoryItem>
)

data class RepositoryItem(
        val name: String,
        val full_name: String,
        val owner: Owner,
        val stargazers_count: Int,
        val watchers_count: Int,
        val forks_count: Int,
        val language: String
)

data class Owner(
        val login: String,
        val avatar_url: String,
        val url: String
)
```

　本来はもっとたくさんJSONで値が受け取れるのですが、その中で使いそうなものだけ定義しています。

app/src/main/java/com/example/bindingsample/MainViewModel.kt

```kotlin
class MainViewModel {
    val searchWord = ObservableField<String>("")
    val loading = ObservableBoolean()
```

```kotlin
    val repositories = MutableLiveData<List<RepositoryItem>>()

    fun search(word: String) {
        loading.set(true)
        repositories.postValue(emptyList())

        GitHubApi.client.searchRepositories(word).enqueue(object :
Callback<RepositoriesResponse> {
            override fun onFailure(call: Call<RepositoriesResponse>, t:
Throwable) {
                loading.set(false)
                Log.e("Error", "Why?", t)
            }

            override fun onResponse(call: Call<RepositoriesResponse>, response:
Response<RepositoriesResponse>) {
                loading.set(false)

                if (response.isSuccessful) {
                    response.body().let {
                        repositories.postValue(it?.items)
                    }
                }
            }

        })
    }
}
```

　AndroidでViewModelアーキテクチャを採用するなら、Android JetPackに含まれている
ViewModelを継承するとより便利になります。ただし、本書で紹介するとスコープを広げすぎ
てしまうので使わずに実装します。

app/src/main/res/layout/list_repository.xml

```xml
<?xml version="1.0" encoding="utf-8"?>
<layout xmlns:tools="http://schemas.android.com/tools">

    <data>

        <variable
            name="item"
```

```xml
            type="com.example.bindingsample.RepositoryItem" />
    </data>

    <LinearLayout xmlns:android="http://schemas.android.com/apk/res/android"
        android:layout_width="match_parent"
        android:layout_height="wrap_content"
        android:padding="16dp">

        <TextView
            android:id="@+id/title_text_view"
            android:layout_width="0dp"
            android:layout_height="wrap_content"
            android:layout_weight="1"
            android:text="@{item.full_name}"
            android:textStyle="bold"
            tools:text="タイトル" />

        <TextView
            android:id="@+id/due_text_view"
            android:layout_width="wrap_content"
            android:text="@{String.valueOf(item.stargazers_count)}"
            android:layout_height="wrap_content"
            tools:text="100" />

    </LinearLayout>
</layout>
```

app/src/main/res/layout/activity_main.xml

```xml
<?xml version="1.0" encoding="utf-8"?>
<layout xmlns:android="http://schemas.android.com/apk/res/android"
    xmlns:tools="http://schemas.android.com/tools">

    <data>

        <import type="android.view.View" />

        <variable
            name="viewModel"
            type="com.example.bindingsample.MainViewModel" />
    </data>
```

```xml
    <RelativeLayout
        android:layout_width="match_parent"
        android:layout_height="match_parent">

        <EditText
            android:id="@+id/search_text"
            android:layout_width="match_parent"
            android:layout_height="wrap_content"
            android:layout_toStartOf="@id/button_search"
            android:hint="リポジトリー名"
            android:inputType="text"
            android:text="@={viewModel.searchWord}" />

        <Button
            android:id="@+id/button_search"
            style="@style/Widget.AppCompat.Button.Borderless"
            android:layout_width="wrap_content"
            android:layout_height="wrap_content"
            android:layout_alignParentEnd="true"
            android:onClickListener="@{(v) -> viewModel.search(viewModel.searchWo
rd)}"
            android:text="検索" />

        <androidx.recyclerview.widget.RecyclerView
            android:id="@+id/recycler_view"
            android:layout_width="match_parent"
            android:layout_height="match_parent"
            android:layout_below="@id/button_search"
            tools:context=".MainActivity" />

        <ProgressBar
            android:layout_width="wrap_content"
            android:layout_height="wrap_content"
            android:layout_centerHorizontal="true"
            android:layout_centerVertical="true"
            android:visibility="@{viewModel.loading ? View.VISIBLE : View.GONE}"
/>

    </RelativeLayout>
</layout>
```

APIとの通信中を表すProgressBarを配置しています。

app/src/main/java/com/example/bindingsample/MainActivity.kt

```kotlin
class MainActivity : AppCompatActivity() {
    private lateinit var binding: ActivityMainBinding
    private val viewModel = MainViewModel()

    override fun onCreate(savedInstanceState: Bundle?) {
        super.onCreate(savedInstanceState)
        binding = DataBindingUtil.setContentView(this, R.layout.activity_main)
        binding.viewModel = viewModel

        val adapter = RepositoryAdapter(this)
        binding.recyclerView.layoutManager = LinearLayoutManager(this)
        binding.recyclerView.adapter = adapter

        viewModel.repositories.observe(this, Observer { response ->
            response?.let { adapter.items = it }
        })
    }

    class RepositoryAdapter(context: Context) : RecyclerView.Adapter<Holder>() {
        private val inflater = LayoutInflater.from(context)
        var items: List<RepositoryItem> = emptyList()
            set(value) {
                field = value
                notifyDataSetChanged()
            }

        override fun getItemCount(): Int = items.size

        override fun onCreateViewHolder(parent: ViewGroup, viewType: Int): Holder {
            val binding: ListRepositoryBinding = DataBindingUtil.inflate(inflater,
R.layout.list_repository, parent, false)
            return Holder(binding)
        }

        override fun onBindViewHolder(holder: Holder, position: Int) {
            holder.binding.item = items[position]
            holder.binding.executePendingBindings()
        }
```

60 | 第4章 Build GitHub Search Repos App

```
    }

    class Holder(val binding: ListRepositoryBinding)
        : RecyclerView.ViewHolder(binding.root)
}
```

ここで紹介したソースコードはGitHubでも確認できます。

https://github.com/kuluna/Android-Data-Binding-Starter-Example

　ここでは、あえて使いづらいアプリまでしか実装しません。続きはあなたの好奇心に託すとしましょう。

第5章 小技

この章では、知っておくとちょっとだけ幸せになれるかもしれない "小技" を紹介します。

default

Data BindingでStringをはじめとした型を指定できますが、当然その値がnullということもありえます。その場合はどういった挙動になるのでしょうか。

答えは、**nullで問題ない場合はnullが、そうでない場合はデフォルト値が使われる**、となります。
検証用として、NullableなIntをData Bindingで使用してみます。

app/src/main/res/layout/activity_main.xml

```xml
<?xml version="1.0" encoding="utf-8"?>
<layout xmlns:android="http://schemas.android.com/apk/res/android"
    xmlns:tools="http://schemas.android.com/tools">

    <data>
        <variable
            name="value"
            type="Integer" />
    </data>

    <TextView
        android:layout_width="match_parent"
        android:layout_height="match_parent"
        android:text="@{String.valueOf(value)}"
        tools:context=".MainActivity">

    </TextView>
</layout>
```

JavaではIntegerと定義するとKotlinではInt?として扱えます。このままでも値を指定していないので初期値はnullですが、念のためActivity側からでもnullを代入します。

app/src/main/java/com/example/bindingsample/MainActivity.kt

```kotlin
override fun onCreate(savedInstanceState: Bundle?) {
    super.onCreate(savedInstanceState)
    val binding: ActivityMainBinding = DataBindingUtil.setContentView(this,
```

62 | 第5章 小技

```
    R.layout.activity_main)
        binding.value = null
}
```

しかし実行すると0という値が表示されます。

図5.1:

0

これはInt型がnullになっている場合はデフォルトとして0を使用する、とData Bindingによって自動的に行われているためです。

こういった挙動によるメリットは、Data Binding側のNullPointerExceptionが発生しづらくなるという利点があります。これはちょっと変わったNull安全とも言えます。

この時、デフォルト値を指定できます。

android:text="@{String.valueOf((value ?? 10))}"

??はNull演算子というもので、前の式の結果がnullの場合、後ろの値を使用します。

実行すると10と表示されます。

図5.2:

10

safeUnbox

Data Binding側でnullによって落ちないような工夫が行われることを説明しましたが、実装者側がそれを把握していないと思わぬバグを生み出す可能性があります。そのため、自動的にデフォルト値が使われることをコンパイラ側で検知した場合は警告が表示されます。

```
class MainViewModel {
    val bool: Boolean? = null
}
<?xml version="1.0" encoding="utf-8"?>
<layout xmlns:android="http://schemas.android.com/apk/res/android"
    xmlns:tools="http://schemas.android.com/tools">

    <data>

        <variable
            name="viewModel"
            type="com.example.bindingsample.MainViewModel" />
    </data>

    <TextView
        android:layout_width="match_parent"
        android:layout_height="match_parent"
        android:text="@{String.valueOf(viewModel.bool)}"
        tools:context=".MainActivity">

    </TextView>
</layout>
```

この時、ビルド時にこのような警告が表示されます。

```
w: warning: viewModel.bool is a boxed field but needs to be un-boxed to execute
String.valueOf(viewModel.bool). This may cause NPE so Data Binding will safely
unbox it. You can change the expression and explicitly wrap viewModel.bool with
safeUnbox() to prevent the warning
```

ここで使用するのがsafeUnbox()という関数です。これはnullの場合デフォルト値を使用するという動作を開発者が明示的に実装するものとして使用します。

```
android:text="@{String.valueOf(safeUnbox(viewModel.bool)}"
```

このように実装することでビルド時の警告が消えます。

Function type

<variable>にリスナーを指定することでイベントもData Bindingで制御できることは**イベントにもData Binding**で解説しましたが、自作インターフェースによるListenerではKotlinのSAM変換が行われないため、やや冗長なコードになってしまいます。Kotlinにはラムダ式があるので、ラ

64 | 第5章 小技

ムダ式をData Bindingに定義できればとても便利です。

Data BindingではJava記法で書く必要があるため、Kotlinのラムダ式をJavaから参照するためにkotlin.jvm.functions.Functionを使います。

```
<data>
    <variable
        name="doSearch"
        type="kotlin.jvm.functions.Function1&lt;String,kotlin.Unit&gt;" />
</data>
```

<は＜のエスケープ文字、>は＞のエスケープ文字なので、kotlin.jvm.functions.Function1<String, kotlin.Unit>をtypeとして定義しています。

Functionは0から22の23通りがあります。この数字は引数の数と同じなので、渡したい引数の数に合わせて選択します。

Function1でもGenericsによって定義しなければならない型がふたつあります。ひとつ目は引数として渡したい型、ふたつめはKotlinの式を定義するUnitです。

この式をXML側でイベントに合わせて呼び出すには次のように記述します。

```
<Button
    android:layout_width="wrap_content"
    android:layout_height="wrap_content"
    android:onClickListener="@{(v) -> doSearch.invoke(searchText)}"
    android:text="検索" />
```

このように定義するとKotlin側ではラムダ式で展開できます。

```
binding.doSearch = {
    Log.i("Binding", it) // it is String
}
```

型を指定しないままでもビルドは通りますが、指定しなかった型はAny?として処理されます。

Data Binding V1とV2

Android Studio 3.2からData Binding V2が提供されるようになりました。ほとんど違いはありませんが、私が検証した範囲では次の変更があります。

・DataBindingのサポートクラスが、androidxパッケージに移動
・<data>で定義する変数名を、自動でスネークケースに変換**しなくなった**

ひとつ目はimport文が変更になるだけなので特に問題はありません。改めてimportし直せばOKです。問題はふたつ目です。

第5章 小技 | 65

V1では次のようなコードで動作していました。

```
<variable
  name="max_value"
  type="int" />
```

```
binding.maxValue = 1
```
V2では変数名はそのまま生成されるようになりました。

```
binding.max_value = 1
```
なおViewIDのスネークケースはこれまで通りキャメルケースへ自動変換されます。

あとがき

　本書を書くきっかけは、技術書典4に参加したことです。私にとって初めての同人即売会への参加でもありました。とにかく参加者の熱量が高く、後に不思議と私もサークル側で参加してみたいと感じるようになりました。

　初めての技術書執筆でしたが、運営をはじめ様々な方のバックアップにより無事1冊の本という形になりました。あの時あまり考えずにサークル参加を申し込んだ私に、よくやったと言ってやりたいです。

　技術書典への参加はもちろん、サークル側として参加することにより得られた経験は、本当に素晴らしいものとなりました。もし本書を手に取って私と同じような気持ちになれれば、それは本当に幸せなことです。

　さらに技術書典に留まらず、1冊の商業誌という形でも配布いただけることとなりました。これまたあまり考えずにとった行動です。しかし、完成した頃にはあの時の同じくよくやったと言っていることでしょう。

　ここまで来られたのもエンジニアとしてインプットだけでなくアウトプットも大事にしてきたこと、面白いと思ったらすぐ実践すること、そして何よりAndroidが大好きだったからこそです。

　Androidはオープンなプラットフォームです。1人ひとりがAndroidを盛り上げていく世界です。1人のエンジニアとしてAndroidの世界に発信できることをとても喜ばしく感じます。まだまだAndroidには本書1冊では到底語れないほどの素晴らしい要素が詰まっています。皆さまと一緒にAndroidの世界を盛り上げていければと思います。

　最後に、関わった皆さまに心から感謝申し上げます。

参考資料

データバインディングライブラリ | Android Developers

https://developer.android.com/topic/libraries/data-binding/?hl=ja

著者紹介

坂口 亮太 (さかぐち りょうた)

小学五年生の時に親から譲り受けたパソコンをきっかけにコンピュータに興味を持ち始め、金沢工業大学卒業後、2012年に富士通グループに入社。SE業務の傍ら新技術分野にも触れられる環境のおかげかWeb開発をはじめクラウド、スマホアプリ開発、ゲーム開発、DevOpsなどを経験。2017年にベンチャー企業に転職後、技術書典4への参加をきっかけに技術書典5で初の技術本を執筆。

◎本書スタッフ
アートディレクター/装丁：岡田章志＋GY
編集協力：飯嶋玲子
デジタル編集：栗原 翔

技術の泉シリーズ・刊行によせて
技術者の知見のアウトプットである技術同人誌は、急速に認知度を高めています。インプレスR&Dは国内最大級の即売会「技術書典」(https://techbookfest.org/) で頒布された技術同人誌を底本とした商業書籍を2016年より刊行し、これらを中心とした『技術書典シリーズ』を展開してきました。2019年4月、より幅広い技術同人誌を対象とし、最新の知見を発信するために『技術の泉シリーズ』へリニューアルしました。今後は「技術書典」をはじめとした各種即売会や、勉強会・LT会などで頒布された技術同人誌を底本とした商業書籍を刊行し、技術同人誌の普及と発展に貢献することを目指します。エンジニアの"知の結晶"である技術同人誌の世界に、より多くの方が触れていただくきっかけになれば幸いです。

株式会社インプレスR&D
技術の泉シリーズ　編集長 山城 敬

●お断り
掲載したURLは2018年11月1日現在のものです。サイトの都合で変更されることがあります。また、電子版ではURLにハイパーリンクを設定していますが、端末やビューアー、リンク先のファイルタイプによっては表示されないことがあります。あらかじめご了承ください。
●本書の内容についてのお問い合わせ先
株式会社インプレスR&D　メール窓口
np-info@impress.co.jp
件名に「『本書名』問い合わせ係」と明記してお送りください。
電話やFAX、郵便でのご質問にはお答えできません。返信までには、しばらくお時間をいただく場合があります。なお、本書の範囲を超えるご質問にはお答えしかねますので、あらかじめご了承ください。
また、本書の内容についてはNextPublishingオフィシャルWebサイトにて情報を公開しております。
https://nextpublishing.jp/

●落丁・乱丁本はお手数ですが、インプレスカスタマーセンターまでお送りください。送料弊社負担 てお取り替え
させていただきます。但し、古書店で購入されたものについてはお取り替えできません。
■読者の窓口
インプレスカスタマーセンター
〒 101-0051
東京都千代田区神田神保町一丁目 105番地
TEL 03-6837-5016／FAX 03-6837-5023
info@impress.co.jp
■書店／販売店のご注文窓口
株式会社インプレス受注センター
TEL 048-449-8040／FAX 048-449-8041

技術の泉シリーズ
実践 Android Data Binding

2018年12月7日　初版発行Ver.1.0（PDF版）
2019年4月5日　　Ver.1.1

著　者　坂口 亮太
編集人　山城 敬
発行人　井芹 昌信
発　行　株式会社インプレスR&D
　　　　〒101-0051
　　　　東京都千代田区神田神保町一丁目105番地
　　　　https://nextpublishing.jp/
発　売　株式会社インプレス
　　　　〒101-0051　東京都千代田区神田神保町一丁目105番地

●本書は著作権法上の保護を受けています。本書の一部あるいは全部について株式会社インプレスR
＆Dから文書による許諾を得ずに、いかなる方法においても無断で複写、複製することは禁じられてい
ます。

©2018 Ryota Sakaguchi. All rights reserved.
印刷・製本　京葉流通倉庫株式会社
Printed in Japan

ISBN978-4-8443-9872-1

NextPublishing®
●本書はNextPublishingメソッドによって発行されています。
NextPublishingメソッドは株式会社インプレスR&Dが開発した、電子書籍と印刷書籍を同時発行できる
デジタルファースト型の新出版方式です。https://nextpublishing.jp/